U0184017

北京广播电视台

编著

重庆出版集团　重庆出版社

图书在版编目（CIP）数据

北京味道 / 北京广播电视台编著. —重庆：重庆
出版社, 2021.1
ISBN 978-7-229-15287-1

Ⅰ.①北… Ⅱ.①北… Ⅲ.①饮食－文化－北京
Ⅳ.①TS971.202.1

中国版本图书馆CIP数据核字（2020）第185550号

北京味道

北京广播电视台　编著

出　品：华章同人
出版监制：徐宪江　秦　琥
策划编辑：朱　姝
责任编辑：秦　琥
特约编辑：王晓芹
营销编辑：史青苗　刘　娜　唐晨雨
责任印制：杨　宁

书名题字：周　博
书籍设计：左左工作室

出　版：重庆出版集团
　　　　　重庆出版社
（重庆市南岸区南滨路162号1幢）
发　行：重庆出版集团图书发行有限公司
印　刷：北京利丰雅高长城印刷有限公司
邮购电话：010-85869375/76/77转810

重庆出版社天猫旗舰店
cqcbs.tmall.com
全国新华书店经销

开　本：787mm×1092mm　1/16　印　张：15　字　数：50千字
版　次：2021年1月第1版　　2021年1月第1次印刷
定　价：68.00元

代序

哔哩哔哩纪录片高级顾问，华东师范大学特聘教授，
美食纪录片《人生一串》总编审、总策划
朱贤亮

让我一个南方人来为《北京味道》写序，其实是有点勉为其难的，幸好我在北京有过多年的工作和生活经历，对北京的美食有所了解。

说到北京味道，我马上会想起很多年前第一次喝豆汁的那个晚上。我记得是在什刹海的九门小吃，当时朋友问我："你喝过北京的豆汁吗？想不想试一下？"他的眼神里除了盛情还有几丝担心。我心想这有什么，顾名思义，豆汁大概就跟豆浆差不多吧！没想到我喝了一口豆汁下去，好半天缓不过劲来，这味道，太让人印象深刻了！但更没想到的是，之后再逢北京小吃时我都会再试试豆汁，现在，我喝完一大碗豆汁后甚至会问上一句："有焦圈儿吗？"

《燕都小食品杂咏》中对豆汁是这样描述的："得味在酸咸之外，食者自知，可谓精妙绝伦。"我觉得这不仅是对豆汁的夸奖，也是对传统北京小吃的肯定。你看，味道已超越"酸咸之外"，其"精妙绝伦"处，只有"食者自知"！

其实，豆汁代表了一种传承，一种老北京文化和老北京风俗在北京味道中的传承。

我虽然在这里谈论美食，但我绝不是个美食家，因为我喜欢的食物都是很接地气的，我一点都不具备美食家的气韵。比如我很喜欢吃油条，但现在惧怕地沟油，不敢到处乱吃，只在大酒店里吃早餐时，会趁机多吃些油条，并且一定要来一杯咖啡。油条就咖啡，真是人间美味！我心中还暗暗得意于自己的创新精神，直到有一天，知道一哥们最爱咖啡配卤煮，我完败！可以想象到，在咖啡和卤煮混合的氤氲香气中，北京味道得到了升华。

如果说，豆汁代表了北京味道的传承，那么咖啡配卤煮式的结合，则代表了一种发展，一种外来文化与本地风味结合而形成的新北京味道的发展。

北京美食丰富多彩，关于北京美食的纪录片也不胜枚举，纵观这些纪录片，其讲述基本上都离不开豆汁式的传承和咖啡配卤煮式的发展这两条线，而纪录片《北京味道》则在这两条线的基础上，又增加了美食与人、城市和谐共处的这条线，这正是这部纪录片的高明之处。

在纪录片的江湖里，美食题材的纪录片一直长盛不衰，而大量的美食类节目犹如群峰林立，绵延不断。有的在峰顶竖旗，给人高山仰止的大气感；有的在谷底行走，让人闻到野花幽草的清新气息；也有的在半山腰盘旋，就像山间公路那般四通八达。

而《北京味道》则更像一架无人机，围绕北京美食飞行但又若即若离，让观众在欣赏美食的同时，还领略到了更多的视角和更宽的视野。

我曾与《北京味道》的创作者聊天，了解了这部纪录片的一些创作初衷和思路。

一是和文化共融。《北京味道》中描述了各种老味道、新味道以及新老味道的变化。故宫咖啡馆的蛋糕上的图案是《千里江山图》，北京的市井小吃卤煮则走进了 CBD 的国贸。于是，豆汁、卤煮与咖啡、蛋糕，传统与现代、东方与西方的文化通过美食而得到交融。

二是和受众共情。《北京味道》虽然内容有限，但还是关照了不同阶层人群的情感世界。如外卖小哥每天最幸福的时刻是回家吃到妻子做的饭，做成品菜研发的师傅喜欢教儿子做菜，等等。这些故事都是百姓平凡生活中的趣味和温情。

显然，《北京味道》在这两点上是做得不错的。

三是和时代共生。《北京味道》讲的是美食故事，但又引导观众去关注饮食背后的时代脉搏和社会发展。这是这部纪录片比较成功之处，也是不同于其他美食类纪录片的一个特点。

四是和趋势共鸣。从当前美食纪录片热播的现象出发，探索美食节目如何继续创新及未来发展的趋势。

这也是美食类纪录片创作所面临的问题及努力的方向。美食类纪录片走到今天，值得总结和探讨的地方太多了，如何不断创新，让美食类纪录片散发出既新鲜又诱人的味道，这是包括《北京味道》在内的所有美食节目创作者都在思考的问题，愿今后的美食纪录片味道越来越美好！

我喜欢北京，因为北京是个有味道的城市，它有历史味，有现代味，有文化味，有人情味，也有美食味。

我也喜欢纪录片《北京味道》，因为它把北京的各种味道都成功地融合在一起了。

现在《北京味道》要整理出书了，这是一件让人高兴的事！是以记之，为序。

2020 年 11 月

传
——
承

第一部分

融──合

创

——

新

第三部分

引语

城市的味道是有灵魂的。

凝望，红墙高楼错落着文化根脉；

倾听，锅碗瓢盆碰撞着生活节奏；

呼吸，豆汁咖啡缠绕着古往今来；

细品，牛排龙虾装填着天下胸襟。

融合，海纳百川；

创新，生生不息。

北京味道，新时代的味道。

传

城市是什么？
是寰宇中一个精彩的群落，
还是你我身边深情的故乡？
当城市中的味道，
成为连接寡淡与丰盛、
碰撞与追逐、传承与交融的纽带时，
我们得以回望，
在时间的进程中，
那些关于改变，
关于创造，
关于情怀的精彩瞬间。

第一部分

承

宫墙红

看视频更精彩
故宫与蛋糕的中西合璧

　　王宁工作的地方离故宫很近，不过，她不修文物，也不喂御猫，而是在神武门外的这间咖啡馆做蛋糕。印在蛋糕卷上的图案的灵感，源自故宫博物院的镇馆之宝——《千里江山图》。除了"故宫出品"，蛋糕还有另一重身份——文创。如果说，故宫过去的味道属于悠远古都的味道，那么现在，来自西方的蛋糕卷搭配文创，就成为故宫最年轻的味道。

7 故宫蛋糕不仅是味道，
　更是文化

北京味道

传承

宫墙红

　　当美食跨越了时空，旧时的颜色也成了新的宠儿。这种将红曲粉严格按照比例调配出来的红，被称作"宫墙红"。"故宫色"引领了国潮，让世界透过另一个角度重新了解中国。

< 红曲粉变身宫墙红

∩ 从 Made in China 到 Designed in China

∧ 除了"故宫出品"，蛋糕还有另一重身份——文创

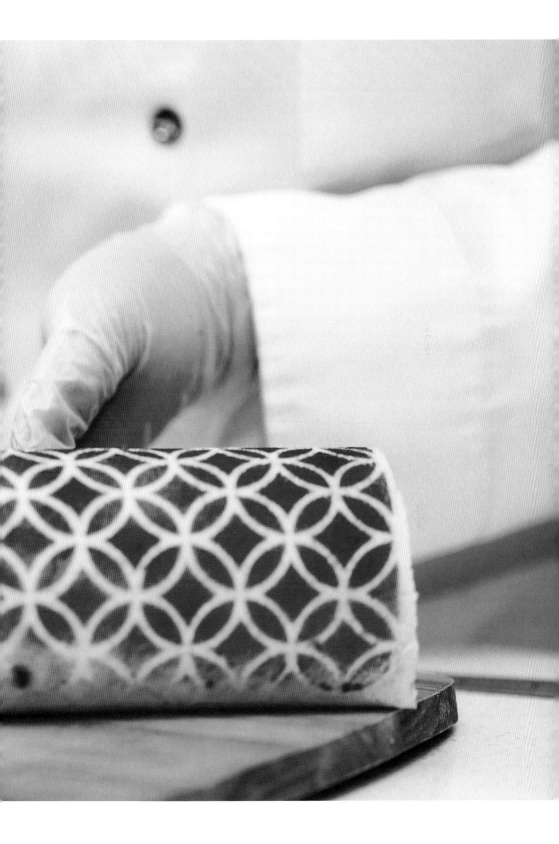

　　当故宫从一个地理坐标变成一个文化坐标，故宫里诞生的美食，也成为中国文化的符号和传播载体。国潮掀起的背后，是国人前所未有的文化自信。但这样的文化自信，又源自什么呢？

∧ 新晋美食网红打卡地——故宫角楼

∧ 王宁制作——千里江山卷

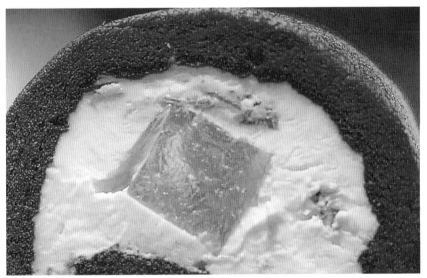

∧ 故宫蛋糕——养心卷

∨ 故宫蛋糕——千里江山卷

第二篇

点心模

打开视频
欣赏美轮美奂的收藏级艺术品

于进江在北京宋庄艺术村是个名人，很多商铺的掌柜都知道于老板喜欢收藏老物件，而且收藏的门类很特别，他只收藏别人都不收的点心模具。

在一仓库的模具中，有一件于进江最得意的藏品：一块河南出土的唐代三彩胡饼陶器。在外人看来它残破不堪，但于进江第一眼看到它，就怦然心动。

收购时原本残破不堪的唐三彩胡饼，在 3D 打印技术的帮助下得以重生。于进江用这块胡饼完美地再造出了一块"唐代"月饼，月饼上的连理枝图案，最细的地方不足一毫米宽，但又互相盘绕、连绵不断，完美地诠释了唐代制作工艺，以及唐人对相思、团圆的理解。

﹀ 点心模具是实用器，经过数代人的
使用，大多都有残破

﹀ 在市场捡漏淘回来唐代三彩胡饼，
这是于进江最津津乐道的故事

点心模

∧ 唐代三彩胡饼上的云纹，在于进江的安排下，最终幻化为这块花想容月饼

点心模

∧ 于小菓——北京福饼

于进江对于点心的执念，源于他儿时的生活。作为一个"70后"，他赶上了穷日子的尾巴，虽不至于饿肚子，但是在他的记忆里，点心只会在逢年过节的时候出现。只能看但很少

北京
味道

传承

能吃到，这样的经历让于进江对点心的味道充满了回忆。

点心，多少年来一直都是中国人祭祀祖宗、待人接客的心意之选，无论其制作是否精致，无论其味道是否改变，无论我们贫穷还是富有，点心里所包含的虔诚都未曾改变。

∧ 于小菓——北京福饼

第三篇

开国宴

打开视频
看开国第一宴是如何做成的

这些天，刘新的主要任务就是制作四样点心。这一切，都因为几场特殊的家宴。刘新手速极快，这来自他的师爷——外号"孙快手"的面点大师孙久富的真传。而这看似普通的点心，正是孙久富在70年前的开国第一宴上制作过的四样点心。同一时间，北京饭店的热灶上，锅铲飞舞，灶火正旺。北京饭店制作的这几场家宴，正是复原了70年前代表新中国亮相的"开国第一宴"。

↗ 北京饭店中华礼仪厅
面点间领班 刘新

> 制作春卷皮

∧ 开国第一宴——豆沙包

∨ 开国第一宴——菜肉烧卖

北京
味道

传承

∧ 开国第一宴——千层油糕

∨ 开国第一宴——三丝春卷

∧ 开国第一宴——面点

70 年前，开国第一宴代表了中国餐桌的最高规格。最讲究的一道烧四宝，食材收集自北京的各家饭店。唯一的素菜是菜心。厨师选用淮扬菜，是因为淮扬菜最适合用普通的食材做出高级的美食。当时，普通人的餐桌非常单调，主角多是稻米和小麦。改革开放之后，中国人的餐桌发生了显著变化，大多数家庭的餐桌上出现了猪肉，中国的水果产量跃居世界第一位，蔬菜成为中国产量最大的农产品。如今，飞速发展的物流系统让全球食材实现流通，中国人的餐桌开始变得精彩纷呈，中国人的每一餐都像是在过年。

7 开国第一宴——花开盛世

北京
味道

传承

∧∨ 北京饭店——开国第一宴

北京
味道

∧∨ 走过 70 载，开国宴如今已经成为了百姓消费得起的合家宴

第四篇

全聚德

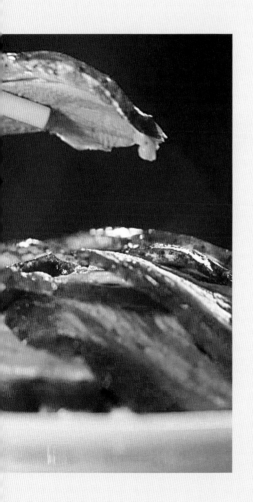

在传统与创新之间摇摆不定，几乎是每个餐饮人都会遇到的问题。作为京菜的代表，全聚德不愁没有底蕴，愁的是如何面对中国人不断变化的口味。在全聚德 155 年的历史上，总共为食客贡献了超过 400 道美味。除了在全球都很火的北京烤鸭，还有火燎鸭心、芫爆鸭舌、盐水鸭肝、尖椒鸭肠、鸭油蛋羹等极有特色的鸭风味菜肴。但不可否认的是，当了一个多世纪行业领头羊的全聚德，被一众源于全聚德、后又自立门户的同行围追堵截，风头大有盖过祖师爷的意思。大董走的是高端路线，四季民福玩的是个性，反倒是老大哥全聚德渐渐迷失了自己的风格。

< 北京老字号——全聚德

朱瑞波，全聚德王府井店的负责人，连续几个月，他都要亲自来验收年轻厨师的手艺。今天的这道菜，是全聚德的经典菜式之一——芫爆鸭舌。之所以叫"爆"，是因为鸭舌入火的时间必须不多不少，正好7秒，才能做到口感脆嫩爽滑。但令人苦恼的是，即便厨师练习了上百遍，精准地掌握了时间，做出来的还是一道老菜。而朱瑞波目前的任务，是创新。

∠ 全聚德王府井店总经理 朱瑞波

∨ 全聚德——芫爆鸭舌

∧ 北京老字号——全聚德

∧∨ 全聚德不缺精品，如何吸引年轻食客的关注才是更大的问题

北京的餐饮市场看似商机无限，但留给全聚德的空间却不算多，3万多家餐饮商铺里有1.5万多家中餐厅，这其中有超过六成的食客选择了川菜、东北菜和湘菜，有超过三成的食客选择了快餐，真正愿意花一个小时去全聚德等一只现烤的鸭子的食客又有多少？在中国，一家餐厅的平均寿命只有508天。2018年北京新增8.5万家餐厅，倒闭的却有11.4万家，平均每天就有310多家餐厅关张。面对全国餐饮业3.5万亿元产值却只有20%的餐厅赚钱的现实，全聚德也在经受着部分门店亏损、网络差评不断的困扰。朱瑞波深知自己肩上的责任。

Ⴜ 全聚德——火燎鸭心

< 全聚德——芥末鸭掌

全聚德曾被誉为"天下第一吃"，但没有见识过这些镇店厨师的真传手艺，就不算去过"天下第一吃"。

张景宇，龙须面是她的拿手绝活，抻得细如发丝的面甚至可以穿过针孔。她年轻时苦练做龙须面的手艺，为了把抻面的姿势做到最标准，她对着镜子没日没夜地练习。如今，传统绝活派上了新用场——将龙须面下入油锅快速卷成卷，挤上奶油，做成小巧精致的饼，便成就了一道年轻食客最爱的创新面点"龙须饼"。

∧ 全聚德——奶油龙须饼

↗ 全聚德——雀巢鸭宝

北京
味道

传承

　　过去，在全聚德的邻居协和医院，曾经有买不起胰岛素的病人，纷纷来到店里购买具有相同成效的鸭胰汤。生活富裕后，人们不再用鸭胰汤代替胰岛素，这道菜也逐渐消失了。现在，鸭胰被拿来炒制，放在由细面条油炸而成的"雀巢"中，让普通而常见的鸭四宝升级换代成为"雀巢鸭宝"。更多从传承角度去谋求创新的菜品被推了出来，这让朱瑞波舒了口气。

　　全聚德的厨师们，几乎都是北京人。他们中的大多数，从小就梦想进入这里，做出美味。全聚德的后厨，曾是成就他们梦想的圣地。在时代的助推下，他们再次抓住了机会。

　　他们并不是重出江湖，只是从远方归来。

第五篇

臭鳜鱼

扫码看视频
"臭"也是有标准的

　　食有百味，而杨金祥对臭鳜鱼情有独钟。臭鳜鱼是徽州名吃，也是杨金祥自家餐厅立足京城餐饮市场的当家菜。杨金祥是安徽滁州人，眼下，他正在品鉴三种不同工艺发酵出的臭鳜鱼，尝试为臭鳜鱼的"臭"定出一个绝对的标准，从而摆脱对厨师经验的依赖。

　　厨师，曾经是后厨的灵魂，是味道的绝对掌控者。而在如今的智能化餐饮革命中，越来越多的餐厅老板们，希望摆脱对厨师的依赖，将命运掌握在自己手中。

　　杨金祥的革命，最难的也是最先要做的，就是规范臭鳜鱼的腌制发酵工艺。

↗ 安徽名菜臭鳜鱼

➢ 杨记兴臭鳜鱼创始人——杨金祥

臭鳜鱼

安徽人制作臭鳜鱼已有200多年的历史了，但是中国人对于食谱的撰写从来都不够精细：将少许食盐、花椒、辣椒涂在鳜鱼表面，压上石块腌制数日，即可取出烹饪。"少许""数日"这些模糊的字眼令杨金祥感到无比困扰。由于缺乏统一的标准，在过去，臭鳜鱼可谓各家有各家的"臭"。控制鳜鱼的发酵，难点在于对发酵程度的把握。鳜鱼发酵过程中，在鱼体内源酶和微生物的共同作用下，蛋白质和其他有机物被降解，生成游离氨基酸、游离脂肪酸和核苷酸等小分子，并散发到空气中，就形成我们能闻到的那种似臭非臭的味道。发酵过度会腐败；发酵程度不够，则没有味道。

7 臭鳜鱼的"臭"是一种发酵之后的
 独特味道

> 安徽传统制作臭鳜鱼

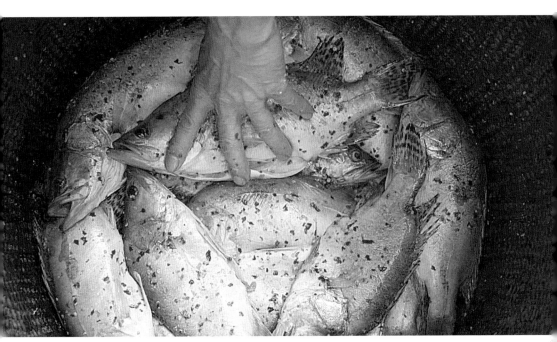

臭鳜鱼   049

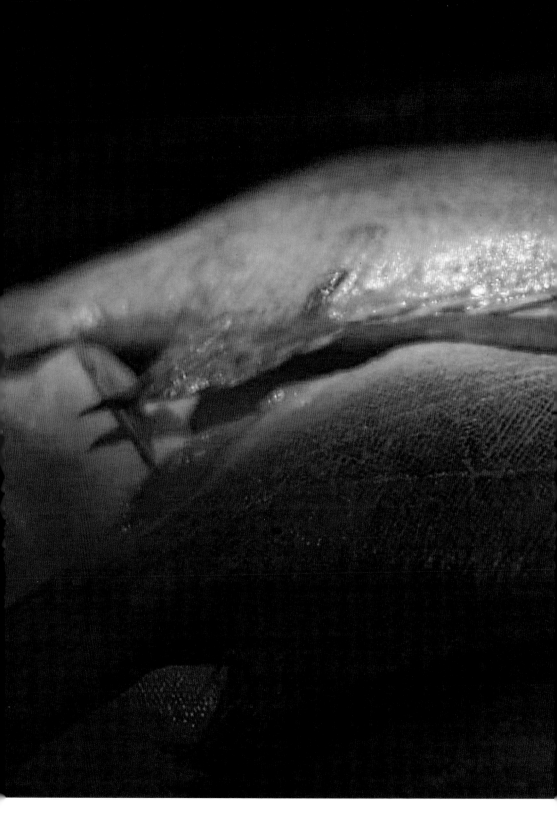

∧ 腌制过的鱼肉在时间的作用下产生独有的风味

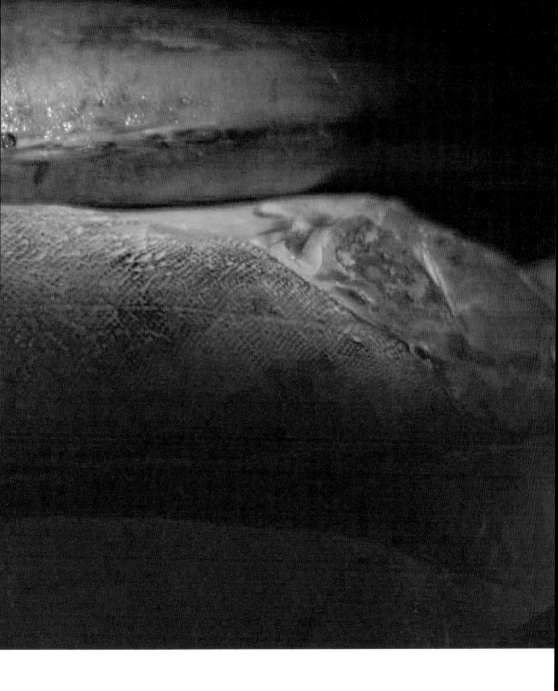

为了找出臭鳜鱼的标准化制作方法，杨金祥遍访各地工厂。做了十几年的徽菜生意，杨金祥渐渐摸清了一些将"臭鳜鱼"标准化的要诀：当腌制温度为15度，腌制时间为8天，冷藏温度为零下40摄氏度，运输温度为零下15度时，凭借现代高度发达的物流冷链技术，他基本可以实现每一条从安徽运到北京的臭鳜鱼，都能保持统一的"臭味"。

> 每天杨金祥的店里都能卖出一千多条臭鳜鱼

臭鳜鱼

让每条鳜鱼"臭味相同"，杨金祥做到了，但是他的担忧也随之而来——千鱼一味的标准化菜品，食客们能接受吗？几千年来推崇手工制作、家传秘方的中餐饮食圈，培育出了全世界最挑剔的食客，诞生了这样一条"鄙视链"：凡标准化的食物都被打上快餐的标记，都是没有灵魂的。

尽管过去的一年，杨金祥在北京的20家餐厅卖出了50万条臭味相同的鳜鱼，但是中餐味道标准化到底能走多远，杨金祥心里没底。他需要同行者。

北京
味道

传承

杨记兴臭鳜鱼
guì
鳜 鱼

徽菜头道招牌菜

∧ 如何把一道菜做成招牌，品控是每
  个餐饮人绕不过的难题

臭鳜鱼

食肉志

每年立秋时节，北京人都讲究贴秋膘，这也是马志全一年当中最忙的时候。自 1986 年开始在街头抢着大刀片子卖涮羊肉片，老马始终坚信，自家的牛羊肉货好不愁卖。

∧ 1996 年，马志全第一个把速冻羊肉片卖进了超市

用上脑、前腿、后腿这几个羊肉肉质最好的部位，彼此之间相互压着打卷，这样切出来的涮羊肉片下锅不散，还能一口吃出肥瘦相间的口感。

做了一辈子牛羊肉生意的马志全心里一直有两件憾事。第一件事，1980年，高中毕业的马志全因为热爱餐饮，自主选择进入东来顺当学徒。几个月后，中国第一家个体餐饮户悦宾饭馆在北京翠花胡同开业了，马志全错过了改革开放的第一波浪潮。老马的第二件憾事是，20世纪90年代末为了照顾留学的孩子，他放弃了蒸蒸日上的生意，做了一名陪读的"海漂"。

然而就是陪读这几年，又让他错过了北京餐饮市场飞速发展的蓝海。

↖ 北京传统铜锅涮肉

↖ 用前腿和上脑组合打卷，能在一口里吃出肥瘦两种口感

放不下心中对于美食的那份热爱，经过一番挣扎，马志全回到了北京。可是回来再战商场时，老马发现北京的变化着实不小。菜市场的人少了，网上购物的人多了；吃方便面的人少了，点外卖人的多了。总之一句话，他原来的那套生意经不太好使了。

　　每逢老马家聚会，除了羊肉馅饺子和涮羊肉，老马还一定要亲自下厨，为亲戚朋友做自己最拿手的手把肉。

7 高中毕业后进入东来顺，马志全和牛羊肉打了一辈子交道

> 在家随便做几个小菜，是老马最大的乐趣

北京
味道

传承

产自内蒙古锡林郭勒盟的乌珠穆沁羊十分挑食，即便是冬季草场被冰雪覆盖，也不能圈养，只能放牧、扒雪、吃草。这种挑剔的个性造就了乌珠穆沁羊鲜美的肉质，白水炖煮便是人间美味。手把肉做法返璞归真，看似极简，但其中对于食材的选择、火候的把控，却融入了老马几十年的经验。

最近，老马一直在琢磨，将手把肉推向市场，但是整只羊显然没办法进行零售，分成小份装盒是个不错的选择。现在的年轻人不但懒得做饭，也懒得出门买，老马又联系了电商平台，将盒装手把肉放在网上销售，食客头天在手机上下单，老马根据订单量连夜加工，食客第二天就能在离家最近的社区超市取货。在适应时代发展这件事情上，老马还是从前那个少年。

˥ 1996 年，老马第一个把切片羊肉卖进了超市

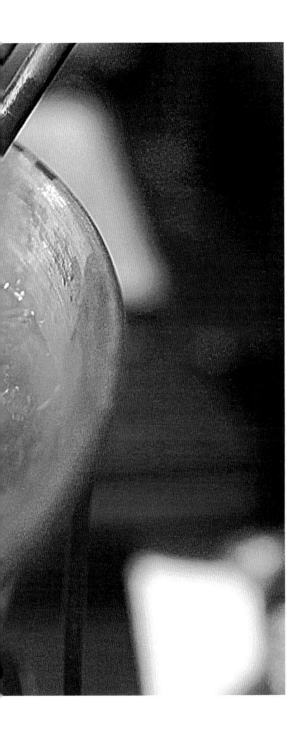

没有一成不变的市场，也没有一成不变的生意经，过往的辉煌最多是茶余饭后的记忆罢了。做了快40年牛羊肉生意的马志全依旧冲劲十足，从他进东来顺当学徒那天起，就没有变过。

< 在很长一段时间里，吃肉都是国人衡量家庭生活富裕程度的重要标准

烟火气

第七篇

打开视频
你闻到老北京胡同里的味道了吗?

每周三上午，是白塔寺安平伙食社固定的聚餐时间。在菜市场卖了一辈子菜的朱宝兰爱做饭，也是个热心肠，每次聚餐都是她前后张罗。老百姓的餐桌上，白菜、土豆、西红柿都是必不可少的食材。往年这个时候，胡同里的街坊邻居都开始储存大白菜准备过冬了。

但谁也没有想到，改革开放 40 年给北京带来了数不尽的变化，老北京冬储大白菜的习俗也慢慢没有了。

但是朱宝兰和她的老姐妹们，有一个习惯却一直没有改。

ㄱ 北京西四白塔寺平安伙食社

> 这里既是老姐们的聚餐地，
  也是胡同文化的保留地

烟火气

∧ 西红柿是北京百姓人家不可或缺的食材

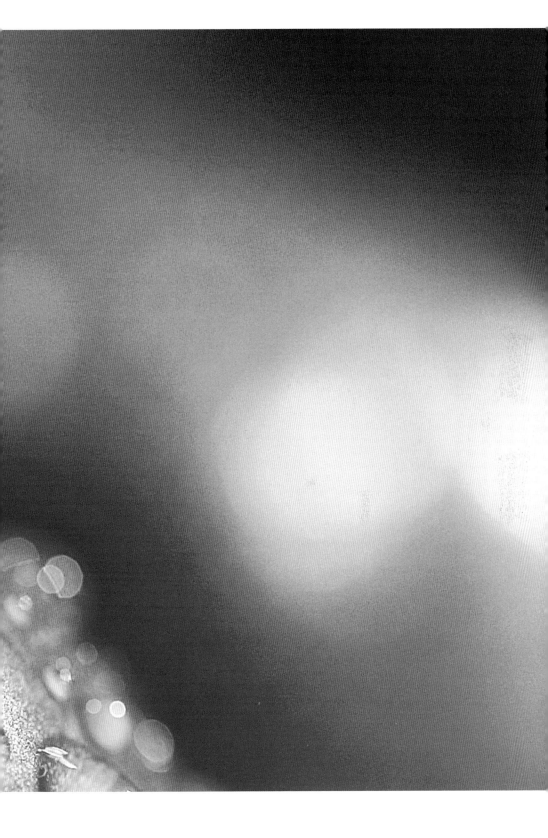

把熟透了的西红柿去皮、切碎，装进瓶子里，然后上锅蒸熟，趁着还冒热气、烫手的时候，赶紧把盖子塞上，等晾凉了，再放到床下背阴的地方。等到数九寒冬的时候拿出一瓶来，做一份西红柿打卤面，满屋子都是夏天的芳香。

西红柿酱里透着的，不仅仅是酸甜味儿，还有普通百姓人家的生活智慧。

> 旧时做西红柿酱的葡萄糖瓶子经常一瓶难求，如今密封玻璃瓶网上下单送货上门，大姐们纷纷感慨生活的便利

∧ 西红柿酱里浸泡着阖家的欢乐、生活的富有和满足

普通的西红柿酱，总能让朱宝兰和她的姐妹们，回味起曾经弥漫在胡同里的味道。胡同里的生活，就是在这坛坛罐罐中度过的。坛坛罐罐里曾经浸泡着清贫，如今浸泡着的，却是阖家的欢乐、生活的富有和满足。

> 迫不及待地掏出手机发个朋友圈

北京
味道

传承

烟火气

融

新时代的北京，
一切皆有可能。
打败你的不一定是对手，
颠覆你的不一定是同行，
甩掉你的不一定是时光，
征服你的却很可能是味道。
时代为生活在这座城市的每一个人，
创造出充满想象的机会和可能。
你可以任凭自己的理想飞翔，
而不必像父辈那样一眼看尽一生。

第二部分

合

国贸卤煮

第八篇

打开视频
看国贸卤煮如何"登堂入室"

北京
味道

融合

国贸，北京最热门的商圈，全球美食商家争抢的地盘。在这个无数厨师来来往往的云谲波诡之地，常有令人意想不到的竞争者出现。

大肠、肺头、豆腐块，一起码在大锅的重卤中咕嘟，这是北京街头最常见的场景。卤煮，让北京土著们狂热，却也因其"平民属性"无法登大雅之堂。但有这么一位厨师，要把卤煮带进国贸。

< 卤煮从来就是小吃而非大菜，注定
  难登大雅之堂

高宁，一个说一不二的主儿。将卤煮引入国贸，就是她的主意。"卤煮"和"国贸"，看似毫不相干的两个词。40年前，还是厂房连片的大北窑工业区，在进入千禧年后，得到了惊人的发展。高楼拔地而起，国贸三期，连同一期和二期一起，成为比肩纽约曼哈顿、巴黎拉德芳斯、香港中环的国际商务中心区。但是，在国贸这样的地段做卤煮，到处飘荡着大肠、韭菜花、豆腐乳的味道，是不是太任性了点儿？

<   国贸三五堂行政
    总厨——高宁

∧ 大肠 + 肺头 + 豆腐 + 火烧 = 卤煮

∨ 北京著名小吃店——门框卤煮

　　面对巨大的争议声，土生土长的北京人高宁倒很笃定。她认为，卤煮在国贸一定有市场，而进入国贸的，就应该是最传统、最地道的北京味道。大肠刺鼻的臭，隐藏在肠壁上的油脂中。洗大肠的第一步，就是剥离油脂。为了让大肠更干净，同时保留中国食客最爱的那股微妙的"香臭"，这位女厨师，带着她的徒弟，亲手将洗大肠的工序增加，时间延长。100斤的大肠，要清洗足足 4 个小时。

融合

↖ 洗大肠是高宁每天要做的工作之一

↖ 大肠的肠油是卤煮独特风味的味道来源

时代的改变没有逃过这位从业 30 年的厨师的眼睛。高宁清楚，越来越多的人重新爱上北京小吃，并不是因为味道变了，而是因为这些人，爱上了今天的北京。当北京从曾经的积贫积弱，变成今天的发展富足，这碗饱含了老北京滋味与故事的卤煮，也必将被越来越多的人接受和喜爱。

北京
味道

∠ 北京小吃——奶油炸糕

V 北京小吃——煎饼果子

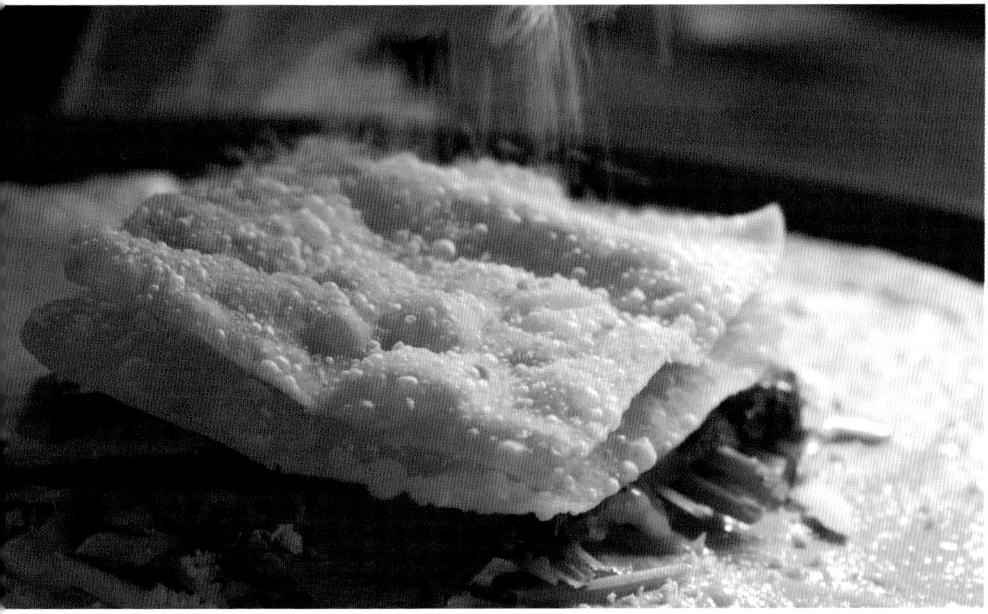

∧ 对老饕来说，猪大肠特有的脏器味儿才是卤煮的灵魂

第九篇

人大食堂

打开视频
一波大学食堂的诱人美味向你袭来

50 年前，张坤保还不知道何为"下单"。但 50 年后，已经 70 岁的他，却知道会有很多人通过下单来买他的手艺。这会儿，张坤保正在制作的，是已经少有人掌握制作方法的京式提浆大月饼。这位聚庆斋京果铺的传人，经常会回到这里，带着徒弟复原已经失传的老北京点心。这里不是饭店，不是个人工作室，而是大学食堂。

ㄱ 聚庆斋京果铺传人张坤保

> 提浆月饼之熬糖浆

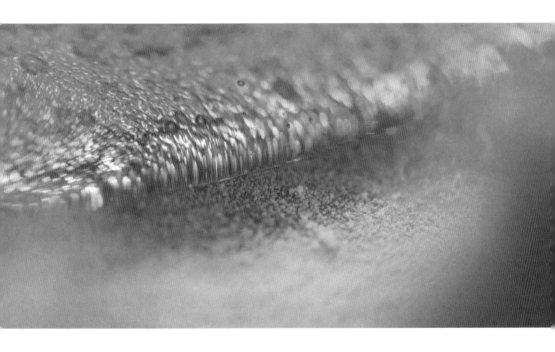

人大食堂

　　食堂，最具中国特色的名字，从20世纪50年代初的机关食堂，到20世纪80年代的国企食堂，烙印着几代人的记忆。食堂时代的分水岭出现在20世纪90年代，刷卡机取代了陪伴食堂多年的饭票，随之而来的，是支付方式的快速更迭。21世纪，二维码很快取代了刷卡，在今天的大学食堂，已经拥有了更先进的支付方式——人脸识别，智能自动结账，甚至有了显示食物热量值的取餐柜台。现在的大学食堂也已经变成一个汇聚地方特色美食的空间。

∧ 大学食堂早已不是我们记忆中的样子

∧∨ 南甜北咸，新晋网红打卡地——人大食堂汇聚了来自各地的美食

中秋节即将到来，食堂整个后勤部门都出动了。2019 年的中秋节，这所大学食堂，推出了总计超过 5 万块的月饼，除了京式月饼、广式月饼，还有苏式的酥皮月饼，这些不同的口味可以满足来自不同省市的学子，而这些来自五湖四海的味道也正在汇聚成新的北京味道。

< 中国人民大学中秋月饼

∧ 作为季节性网红美食，青团早早就被列入了食堂的菜谱

北京
味道

融合

∧ 中国人民大学中秋月饼

∧ 大数据显示，五仁月饼才是卖得最好的

＞ 最受欢迎的口味并非豆沙

第十篇

和平菓局

打开视频
看北京美食界"老炮儿"如何赢得商机

韩桐，一个只要说到北京味道，就绕不过去的餐饮界传奇人物。从2010年在西单开第一家小店"80后主题餐厅"开始，再到网红打卡店"局气"，不到十年的时间，他在北京先后开了几十家门店。2015年，韩桐准备在前门开新店，原本只是想众筹600万元，结果短短3天时间，就筹到了1.5亿元的资金，这是韩桐第一次见识到资本的力量。

> 和平菓局创始人——韩桐

和平菓局

三年之后的 2018 年，罗振宇在他的跨年演讲中抛出了一个观点：为什么越来越多的餐饮企业开始上市？为什么资本开始追逐餐饮业？答案是移动支付。

几乎每家餐厅的收银台前都会贴着二维码，我们越来越习惯用手机去扫码买单。餐馆的收入可追溯、有信用，这个信用扩张到资本市场，让越来越多的人加入进来。移动支付成为餐饮行业信用的数据化基石。

然而尝到资本甜头的韩桐最终还是拒绝了资本的诱惑，没有选择把自己的餐厅送上 IPO（Initial Public Offering 的简称，指首次公开募股）的道路。优秀的厨师数量有限，中餐味道的成败有太多不确定因素，餐厅不可能无限制地复制成功。看着就餐时段店门口排起长队的热闹劲儿，韩桐心里泛起的却是丝丝凉意。京味文化场景营销模式，必须靠不断开店才能刺激业绩增长。但门店不可能无休止地开下去，韩桐必须另寻出路。

٦ 迅速获得年轻客群的追捧，是韩桐不断复制成功的技能之一

> 从"80 后主题餐厅"，到局气和四世同堂，韩桐创造了北京餐饮市场的神话

∧∨ 在王府井一家百货商场里，和平
菓局完美复刻了老式糕点铺子的
样子

打开脑洞、另辟蹊径的过程是痛苦的。几年的时间里，韩桐更像是个票友，参加电视节目，自己做脱口秀，在看似闲云野鹤的生活中寻找下一个商机。

2019 年，和平菓局横空出世，善于打老北京文化牌的韩桐，这次依旧把北京文化玩到了极致。在北京人记忆深处的王府井百货大楼里，复刻了一条用心程度超过大多数旅游景点的老街。

和平菓局

　　韩桐这次看似在重复使用开餐厅时惯用的手段，但和平菓局出售的不是中餐，而是糕点。糕点不再局限于店铺，还可以卖到商超、火车站、飞机场，还可以走线上渠道，做电商，韩桐开始尝试北京糕点与新零售的融合。

　　在前进副食店卖果脯；在松鹤堂卖咳嗽丹、八卦丹；在汲古斋卖荷花酥、团圆酥等高档美食伴手礼……所有这些京味传统糕点穿上时尚的外衣，打上和平菓局的标签，在这样一条充满北京风情的街上售卖，在网络平台上推广。韩桐认为，将点心进行标准化生产后，不像开中餐厅受的约束那么大，销售渠道也多种多样，是一个可以最终做成上市企业的发展思路。

ㅏ 和平菓局——桃酥

ㅅ 和平菓局——牛舌饼

∧ 和平菓局——团圆酥

∧ 和平菓局——桃酥

绝味鱼头

第十一篇

扫码看视频
名厨如何打造米其林一星级新京菜

最好的时代不会埋没任何人的才华，哪怕你曾是来自异乡的厨师。

从河南乡村饭馆的帮厨，到北京新京菜餐厅的创始人，段誉十几年的北漂生活，正好赶上了北京餐饮市场高速发展的时代。认准了厨房就是自己的未来，段誉曾经一门心思想着守一辈子三尺灶台，把家传的绝味鱼头做好。事实上他也做到了，一份绝味鱼头的方子几年前就卖出了50万元的高价。

> 拾久餐厅创始人——段誉

融合

绝味鱼头

　　然而喧嚣过后，接踵而来的是不尽的困
惑。什么是北京菜？北京菜是宫廷菜、官府
菜、家常菜、清真小吃等各地风味菜在北京的
汇聚交融。无论哪种菜品，都已经在北京发展
多年，尤其是前几年，主打京味文化的一众餐
厅，更是在菜品和环境上，把北京本土文化发
挥到了极致。想要突破，就必须在文化上包容
更多的元素，准确把握北京食客的脉搏。老菜
已经被开发到了极致，京菜的未来会在哪里？

＞ 拾久餐厅——茉莉花香烤鸭

＾ 拾久餐厅——北派佛跳墙

段誉认为，京菜的发展要注入时代的思维。快节奏的生活，要求菜品变化丰富、更新迅速。人们对新鲜事物的追求，要求菜品颜值高且自带传播属性。厨师出身的段誉，最擅长在菜品创意和味道上做文章。他深知北京人包容，乐于尝试新味道，于是老北京炸带鱼被配上意大利黑醋，陈酿葡萄醋味道醇厚，消解了炸带鱼的油腻，味道也变得更加丰富。他了解北京人念旧，但又讲究生活品质的特点，于是传统的芝麻酱拌菠菜就有了更为讲究的卖相。他还尝试把自己拿手的绝味鱼头和老北京人钟爱的大油条结合在一起，创意出新款绝味鱼头。

⌐ 拾久餐厅——油条

< 老北京麻酱菠菜

绝味鱼头

∧∨ 段誉和他的新京菜

∧∨ 登上米其林必吃榜的北京菜，能得到北京食客的认可吗？

绝味鱼头

段誉是这个时代年轻厨师职业进阶的一个典范。他对食材的理解、味道的搭配、视觉的审美、文化的表达，有着自己独到的见解。他深知菜品创意的底色不是善变和颜值高，而是有味道。将味道做到极致就是自己的终极目标吗？段誉不这么想。中国餐饮业这些年发展迅猛，可是还没有出现米其林星厨那样的顶级厨师。中国的厨师们已经做好准备，时代也为他们提供了机遇，关键是谁有勇气站出来。骨子里不服输、要争气的那股劲儿，让段誉迈出了艰难的一步，他决定迎合总厨开餐厅的趋势，开一家新京菜餐厅，专心经营自己研发、创意的菜品。

Ⅼ 拾久餐厅——意大利黑醋带鱼

Ⅴ 拾久餐厅——椒麻澳洲鲜带子

绝味鱼头

POETRY.

新京

融合

开餐厅太不容易了！早上去选食材，为一天所有的饭菜做准备，然后到后厨加工、备餐、调教厨师，再到客人就餐时和他们聊天、沟通、听取意见，这就是近一年来段誉每天做的事情。

现在的段誉不仅是厨师，更是餐厅的经营者。段誉用视觉营销的方式把北京菜从市井坊间推上现代都市的舞台。他深知，京菜的精髓从来就不只是味道，更是这座城市的灵魂。

< 段誉和他的新京菜

绝味鱼头

打开视频
看私房西厨在北京引领味道风潮

第十二篇

私房西厨

2008 年对北京餐饮行业来说是个难得的好年份，奥运会带来的不仅仅是体育盛宴，还有来自世界各地的食客。北京几乎所有的餐厅都在这一年赚得盆满钵满。但在这一年，比利时人莫劳感受到的却是刺骨的寒冬。

莫劳初次来到北京是在 20 世纪 90 年代初。那时北京的西餐市场，是老莫、新侨、马克西姆这些江湖大门派的天下，但这位曾在德国、法国、瑞士、荷兰等国家的五星级酒店工作过的比利时名厨，却选择了做非常小众的西餐私房菜。

> 莫劳龙玺西餐厅创始人——莫劳

∨ 莫劳龙玺西餐厅——家传秘制鹅肝批

↘ 莫劳龙玺西餐厅——莫劳特色甜品华夫饼

莫劳在三里屯的餐厅，售卖炖牛肉、薄饼、华夫饼这类传统的比利时家庭风味菜品。改革开放初期进入中国的外国人，非常追捧莫劳餐厅的家乡味儿。他们频繁上门，莫劳的生意也逐渐红火起来。莫劳还娶了一个北京媳妇儿卢素萍，算是彻底在中国安了家。

但是，生活对每个人来说都不会一帆风顺。2008年，年近古稀的莫劳，遭遇了人生最大的滑铁卢。布鲁塞尔黑椒牛排、烩牛肉、比利时牛肉丸等几道在莫劳起家时就立下汗马功劳的主菜，却吸引不到食客的光顾。今天的北京步行3分钟，就能找到一家饭馆，各地风味的餐馆遍地开花，热热闹闹的北京成了一座"吃货之城"。在北京味道的诱惑下，西餐不再是外国人的必选项。

ㄱ 莫劳龙玺西餐厅——布鲁塞尔黑椒牛排

﹥ 莫劳龙玺西餐厅——比利时牛肉丸

∧ 莫劳龙玺西餐厅——外祖母式原汁海虹

尽管生意冷清，但固执的莫劳并没有做出什么改变。他坚信在北京这样一座包容世界美食的城市，不仅有大餐，也一定会有私房菜的生存空间。事实证明，莫劳的坚持是正确的，如今遍布三里屯的各国风味的西餐私房小馆，哪家都是人气爆棚，莫劳用他"顽固"的欧洲思维，不经意间引领了北京味道的风潮。

私房西厨

打开视频
看完美比例的"馋嘴蛙"是什么样

第
十
三
篇

完
美
比
例

　　600 克的牛蛙，搭配 200 克的馋嘴酱，是烹制"馋
嘴蛙"最佳味道的完美比例。这是万志强六次试验后得
出的结论。他来自四川，是北京一家食材供应链公司的
菜品研发经理，工作的核心内容便是将难以量化的中餐
制作标准化。

　　近年来，牛蛙在京城的人气暴增，网红产品频出，
成为餐饮投资的新热点。然而，牛蛙销售市场火热的背
后，仍是较为分散、混乱的供应链。牛蛙产地多集中
在广东、福建等沿海一带，各地区产季不同，市场缺少
规范供应标准，导致原料采购价格波动较大，且品质不
一。一旦有大规模的供应链公司介入，便可以由统一渠
道大批量采购，之后再分发到各个餐厅，从而有效控制
成本，保证品质。餐厅不再自己采购食材，而是从供应
链公司批量购入，成为餐饮市场的新趋势。

∧ 蜀海（北京）供应链管理有限责任公司研发部经理——万志强

完美比例

万志强所在的食材供应链公司，每个月为京城的大小餐厅供应 80 吨左右的牛蛙，而除了牛蛙，他所在的研发实验室还开发出了几十道标准化的中餐菜品，供给全北京不同品牌的 280 多家餐厅。也就是说，你在北京餐厅吃到的味道，很可能出自万志强之手。在未来，只有能够制定味道规则的人和企业，才能占领中餐领域的核心位置。

<　蜀海供应链——馋嘴蛙

∧ 蜀海供应链——红烧鱼块

↖ 蜀海供应链——酸菜鱼

↑ 蜀海供应链——香辣虾

万志强本是厨师，中餐标准化的
趋势，让他的职业发生了变化。虽
然他的目标是不断减轻厨师的工作
量，但晚上下班后，万志强都会教5
岁的儿子做饭，在他看来，会做饭的
人才懂生活。家的味道永远是我们
的心头好。

∧ 你可能不知道，在餐
厅吃到的美味也是由
中央厨房统一加工的

∧ 万志强每天都会回家
做饭，家的味道才是
他的心头好

打开视频
这里有在流水线上狂奔的小龙虾

龙虾盛宴

第十四篇

下午，不到 5 点，簋街胡大餐厅门口排队等号的食客，就会挤满街道。每天晚上都会有近 1 万名食客涌入店里，开启麻辣小龙虾的美食盛宴。而就在 2018 年初，生意依然如日中天的时候，胡大餐厅的总经理郭冬，却顶着所有人的反对和质疑，对后厨进行了翻天覆地的改革。催使郭冬图新求变的原因是什么呢？

> 为了这一桌小龙虾，食客们在胡大排号已经成为习惯

融合

龙虾盛宴

1990 年，中国首次举办亚运会，北京的服务行业在改革开放进行了 12 年之后，得到了一次最为迅猛的发展机遇。

当时北京的餐厅大多是国营餐厅，晚上 8 点之后不营业。那些有着强烈吃夜宵冲动的食客们，便纷纷涌入东直门内大街。

这条旧时被北京人称为"鬼街"的街区，一直有着越晚越热闹的基因。

自 1990 年之后的 10 年间，簋街的餐厅如雨后春笋般开了起来，胡大餐厅便隐身其中。

2008 年，23 岁的郭冬从岳母手中接过了胡大餐厅，他也成为簋街众多餐厅中最年轻的二代掌门人。

< 接手胡大 10 年，郭东把 30 名员工的小餐厅，做成了拥有 5 家分店上千名员工的簋街餐饮招牌

那时的胡大只有 1 家店 30 多名员工。然而 10 年之后，当郭冬把胡大做成 5 家分店 1000 多名员工的大店时，原本各种不存在的问题也渐渐浮出了水面。

如今，胡大 5 家分店每天都会售出 1 万斤左右的小龙虾。在两年前，郭冬修建了簋街第一家标准化洗虾房，流水线分三次共耗时 65 分钟来清洗小龙虾，大大提高了清洗的效率和质量。

> 标准化生产确保了每一锅小龙虾的品质。是追求一次 100 分，还是每次 95 分，郭东做出了自己的选择

北京
味道

融合

但是核心问题仍然没有得到解决，"盐少许、辣椒适量"这种模糊的标准，似乎让小龙虾的美味只决定于厨师的经验。这既是中餐的魅力所在，也是摆在所有想要规模化发展的餐饮企业面前的难题。

胡大餐厅有 100 多名厨师，每位厨师做的每一份麻辣小龙虾都会有味道上的差异。

把炸制、炒制的时间标准化，把配料的比例标准化，将整个后厨从每个厨师单打独斗，变成流水线生产，郭冬决定对自己的餐厅下狠手。

虽然这样的变革在最初遭到了所有厨师的强烈反对，但事实证明，这样的改变带来的不仅是 36 口锅只需要 6 名厨师这样的效率提升，而且在味道和品质上保持了最大程度的统一。

⌐ 人人都是大厨，每个厨师都能烹制高品质的菜品

∧ 人人又都不是大厨，每一个岗位都不是非你莫属

10 年前，当郭冬接手胡大时，胡大的生意已经走上了正轨，他完全可以选择踏着前人的脚印，按部就班地行进。然而这 10 年，郭冬一直没有停下创新的脚步。

　　都说簋街是北京餐饮业竞争最为激烈的战场。有人越走越远，有人越做越强，也有人黯然离场。

　　无论你用什么样的方式，让人们品尝到怎样的味道，时间都会为你的选择投上最真实的一票。而今天你所创造的味道，又将成为明天北京人餐桌上的记忆。

> 就连传菜这样的工作，也精细到秒，用机器替代了人工

龙虾盛宴

∧ 未来谁能统领餐饮江湖，拼的不仅是味道

创

第三部分

如今的北京，
食物的生产方式发生着变化，
食物的传递方式和享受理念也发生着变化，
所有的变化汇聚在城市中，
掀起了一场关于饮食的革命。
然而革命，
也意味着新旧交替、更新换代，
有人在这场饮食的革命中得到了新的机会，
有人则将失去原先的位置。
在这场革命之中，
有人是受益者，
有人是失落者。
对于种种改变，
无论你喜欢与否、接受与否，
它都真实地发生在我们身边，
并将持续发酵。

新

第十五篇

买菜新方式

打开视频
看餐桌如何被搬进超市

2010年，北京城最后一个传统柜台式菜市场——崇文门菜市场闭店搬家。至此，曾坐镇北京旧城东南西北的四大菜市场，全都谢幕退场。伴随着兼具线下卖场、餐厅和线上下单功能，3公里半径范围内半小时配送的新型超市的诞生，新的买菜方式也应运而生。

早晨6点，京东七鲜水产组的工作人员李士龙开始准点收货。同一时刻在忙碌的，还有果蔬区的其他员工。在这里有两个营业时间：线下实体店上午8点开门；线上营业时间则提前到上午7点。而此时，互联网的顾客已经排起了长队。

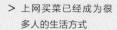

> 上网买菜已经成为很
   多人的生活方式

北京
味道

创新

但比他们更着急的，是早已等在门外的配送员郑强。线上购买，3公里范围，30分钟内送达，是每一单的送货要求。但这30分钟，还包括了拣货的时间。对拣货员而言，他们面对的，可是占地3000多平方米，相当于半个足球场大小的超市。如何在最短的时间内，从散布在超市内的6000多件商品中迅速找到订单上的几件货物，"拣货逻辑"应运而生。这套"逻辑"的关键，就是将订单按区域进行拆分。店内的拣货区分为杂百区、果蔬区、海鲜区和大后仓，每个区域有相对应的拣货员，他们无须在整个超市内穿梭，只需要在固定区域内拣货。之后，通过覆盖整个超市的超长悬挂链，将不同区域的货物在大后仓集合，完成一个订单。7点10分，郑强准时开始了他今天的第一单外送。

7 超市里多了一个新岗位——分拣员

> 每一样水果都可以追溯原产地

北京
味道

创新

买菜新方式

　　京东七鲜超市的第二个购物高峰，出现在午餐时间。大量食客涌进超市，他们大多是为了就地品尝美食。

　　说回北京旧城的四大菜市场，值得记录的一笔发生在 20 世纪 80 年代末期。彼时，各大菜市场接连推出一项服务，那就是代客宰鸡、宰鸭、劈猪头、剁排骨、铰肉馅。那会儿的服务意识已经很活络。可谁能想到，30 年后，餐桌干脆就被搬进了超市。有专业的厨师替你收拾食材，而且还是来自大洋彼岸的生猛海鲜。蒜蓉粉丝、葱姜爆炒、椒盐豉香，都是北京人熟悉、爱吃的口味。

　　曾经没有菜市场的老北京，靠的是胡同里那挑着扁担的人的一声声吆喝。如今久远的吆喝声早已消失，取而代之的，是看不见摸不着的移动平台发出的声音：您已下单成功。

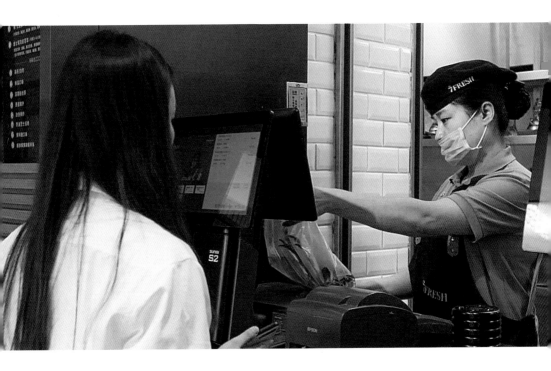

「 超市不仅仅是卖场，这里还可以堂食

∧ 更多的人选择下班后来这里带一餐回家

∧∨ 去便利店吃晚饭成了都市白领们的就餐新选择

创新

∧ 超市+餐厅成为新的经营模式

活鲜供应链

2019年11月12日零点，一年一度的"双11全球狂欢节"落下帷幕，全网交易总额达到1.48万亿元。这年"双11"，在全网销售额排名前八的行业中，跟"吃"有关的行业，就占据了5席。天南海北的美食向北京涌来，吃货们的力量在这一天集中爆发，仅京东一家电商平台就卖出了11万吨生鲜农产品，其中，海鲜类商品表现亮眼。

在人们对"鲜"的挑剔程度如同对新闻一样，在苛求速度与价值的时代，一项挑战物流极限的供应链——活鲜供应链诞生了。

< 食材供应链的极限挑战——运送活鲜

厦门八市，隐匿在一条狭长的由老建筑构成的街道中，它的全称是"厦门第八菜市场"，这里的海鲜远近闻名。陈刚正和当地的海鲜佬连永忠，一起见识八市海鲜的魅力。

为了满足高品质海鲜食客的需求，在海鲜供应链中，一个全新的职业——生鲜超级买手出现了。陈刚，正是来自北京的海鲜买手。此趟厦门之行，他的目的就是把新晋爆款海鲜——厦门本土特产红花蟹鲜活地运到北京。

红花蟹，是厦门本港最名贵的野生蟹。除了常见的清蒸，还有另一种独特的做法：冻蟹。冻蟹，潮汕打冷的代表性食物，红花蟹蒸熟后放凉，斩件上桌。冰镇后的蟹肉紧致爽滑，甜鲜至极，是一种很独特的味觉体验。

⌐ 厦门红花蟹

∧ 冰镇后的蟹肉肉质紧实

北京味道

创新

季风中赶回的收鲜船，每条船可以带来700公斤的渔获，但这只是冰山一角。要知道，中国人均水产品的年消费量是41公斤，中国一个国家吃掉的海鲜比其他五大洲所有国家吃掉的总和还要多。

但是，成为北京食客可以随时在线上购买的活鲜，还有一个条件必须满足，那就是速度。厦门距离北京2051公里，运往北京的红花蟹，必须挺过这漫长的旅程。

> 红花蟹从厦门到北京需要挺过2000多公里的旅程

北京
味道

活鲜供应链

　　真正的考验开始了。 不论使用何种工具到达北京，红花蟹都必须脱离水的环境。 但是，蟹类脱水的极限是 10 个小时。这意味着，从厦门捕捞上岸到端上北京食客的餐桌，所有物流环节叠加在一起不能超过 10 个小时。

　　公路运输显然不能满足要求，另一种更快的交通工具成为保证红花蟹鲜活的最佳运输方式——飞机。 5 个小时之后，厦门的红花蟹到达北京的前置仓，它们与来自加拿大的龙虾等一众生鲜，一起成为"双 11"十几万用户在电商平台上选购的商品，由物流冷链公司完成最后 1 公里的急速配送。

↖ 空运是活鲜运输的首选方式

∧ 螃蟹的脱水时间不能超过 10 个小时

但这还不是极致。2019 年，为了让中国的食客吃到加拿大龙虾，中国人投资将加拿大的哈利法克斯机场进行了改造，大型货机的升降次数和运输量成倍增长，专门运往中国的"龙虾专机"使得龙虾从海上捕捞到送达北京，仅需 37 个小时。

中国幅员辽阔，除了巨大的空中网络，陆路运输也是生鲜去往城市的高效链路。每天都有无数个水果从原产地被运往城市。那么，在这场堪比人类"春运"的行动中，陆路物流是如何为每一个水果进行"八百里加急"的呢？其实，在用户使用手机下单的那一刻，这份订单的相关数据就进入了物流系统的分拣支持系统中，哪趟货车能最快到达目的地、哪个分拣中心没有饱和、分配给哪个快递小哥……一切信息，都在以毫秒为单位计算的时间内被迅速匹配，然后生成一条最佳路线，一路策马扬鞭，直通城市食客的餐桌。

< 在高速的食材冷链背后是大数据的精准分析

第十七篇

美食摄影师

打开视频
看美食摄影师让食物"活色生香的秘诀"

　　需要把握住时代脉搏的不仅有厨师，还有马也——一个北京化工大学毕业的高才生，一个天生骨子里不安分的艺术家。他不是厨师，但天天和美食打交道，他的工作是给食物拍照片。

　　短短 10 年，从默默无闻到中国美食摄影界的耀眼新星，马也的职场道路越走越顺。成就这一切的，不仅有他过人的摄影技术，独到的美食造型创意，更有越来越成熟的餐饮市场。营销已经成为这个时代餐饮企业不可或缺的生存手段。从黄太极到西少爷，从陈小春明星开店到姜武跨界发展，这些红极一时的餐厅，谁家没有一些博人眼球的营销手段，就连发誓绝不做市场宣传的老干妈，都玩起了魔性广告。

> 马也——一个学化学
出身的美食摄影师

北京味道

创新

∧ 马也食物摄影作品

∧ 马也食物摄影作品

这次不远千里找到马也的客户，是一家经营街边卤味的商家。产品的味道早就深入人心，但这还远远不够。每年的市场营销是一定要做的，为的是不断地刷存在感，不断地吸引食客的眼球。尤其是这几年电商崛起，食客与食物之间隔着一块屏幕，味道无法传递，吸引食客的眼球变得比刺激食客的味蕾更重要，所以马也作为美食摄影师的角色也变得越来越重要。马也特地招纳了团队伙伴，分别是食物造型师和置景设计师。像卤鸭货这种造型并不美观的食物，造型师通常会重新制作，利用丰富的手段赋予鸭货适合拍摄的形态。

　　马也这次的雇主这几年一直在营销上颇费心机。每一张宣传海报都是一次消费心理的营销过程：给鸭货配上请柬，代表能登大雅之堂；配上啤酒，代表适合朋友小酌；鸭货放在草坪上，走的是户外运动范儿；搁在办公桌上，则是激发白领食欲最好的方式。

　　最好的时代不会阻挡每个人实现梦想的脚步，北京味道被这些追梦之人料理得活色生香。

７ 懂营销是马也成功的
第一个秘诀

＞ 猜得透客户的心理，是
马也行走江湖的法宝

∧ 按客户要求，把鸭脖拍出巴黎时装大片的感觉

∧ 营造场景往往比拍摄美食本身更难

2019 年，"网红带货一哥"李佳琦在直播现场"翻车"，推销的不粘锅被网友戏称为"不，粘锅"。"翻车"事件给喧嚣的直播产业泼了一盆冷水，但不可否认，如今的直播，尤其是美食直播，已然成为这个时代最火爆的营销方式。每一个美食自媒体似乎都在经历这样一套流程，自主创业，直播客观公正，带货亲自试用测评，随即人气爆棚被资本追逐，继而组建营销团队，直播内容也越来越商业化。

　　吴洁也在尝试做直播带货销售，目前她还处在这个行业的入门阶段。吴洁做带货纯属偶然和无奈。吴洁是两个孩子的妈妈。有了第一个宝宝之后，她就辞职做起了全职妈妈。为了照顾两个挑食的儿子，吴洁被迫"喜欢"上了做饭，被迫"绞尽心思"地琢磨，怎么才能每天变着花样地满足这两个孩子的口味。

７　全职妈妈＆带货达人，吴洁每天在两种身份之间自由转换

＞　每天照顾两个孩子的吃喝是吴洁最主要的工作

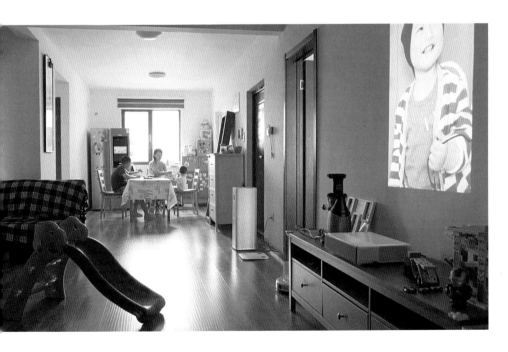

　　把两个吃饱喝足的孩子送到学校，看着无人喝彩的
厨房，吴洁像大多数全职妈妈一样，也开始热衷于晒朋
友圈，每一个点赞都是对她所付出劳动的最大慰藉。

北京
味道

↖ 吴洁给儿子做的爱心煎饼

∧ 淀粉、蛋白质、脂肪，吴
　洁每天给儿子的早餐必须
　做到营养搭配

∧ 从广告策划人到全职妈妈，吴洁已经逐渐适应角色的转变

北 京
味 道

∧ 吴洁花了很多心思，采购各种漂亮的餐具

　　在做全职妈妈之前，吴洁是京城广告圈小有名气的策划人。有趣的灵魂放在哪里都不会被湮没，吴洁10年的广告行业工作经验，让她在厨房找到了职业第二春。全职妈妈的人设，让她具有了成为网红的潜质。朋友圈的点赞越来越多，每次直播给儿子做饭，围观的粉丝越来越多，找她买厨具的网友也越来越多，吴洁已经迈出了走向"带货女王"的第一步。未来，吴洁会不会被哪个投资人看中，会不会走进职业赛道，目前还是一个未知数。

↖ 晒朋友圈成了吴洁最
　大的自我慰藉

∧ 每天的付出需要得到
　众人的肯定

∧ 吴洁是典型的器材党，做饭的家伙什儿摆满了厨房

∧∨ 作为一名设计师，即便是下厨房，吴洁也非
常在意烹饪的仪式感

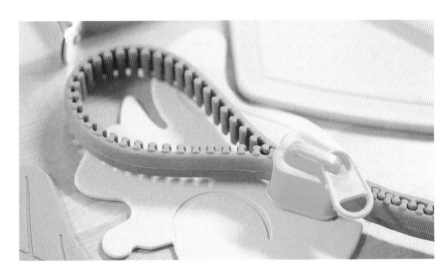

第十九篇

就餐新革命

打开视频
看小哥如何成为北京 CBD 外卖"单王"

中午 11 点半，北京 CBD 即将迎来就餐高峰。近 50 万办公人口往返其间，追逐梦想，点份外卖成为他们忙碌的新注解。近千名外卖员，将数十万份外卖送出。每单外卖从取餐到送达不能超过 30 分钟。每名外卖员身后，都是一套精密的"配送系统"。它会按照骑手的实时位置优化订单，即便在送餐高峰时段，也只需要 55 毫秒就能计算出最优配送路线。

左申平来自安徽，他也是北京 CBD 外卖大军中的一员。一天送出 60 单外卖是他的上限，也是他给自己设定的目标。他知道，完成每天的目标，他的心愿就会早些实现。虽然配送系统规划着每一单的送餐路线，但在北京 CBD 送餐，绝不能完全依赖系统。为了达成目标，左申平总结了一些送餐"潜规则"：比如，建外 SOHO 的电梯高峰期肯定挤不上；世贸天阶门前不能停车；永安里到大望路的路段，电瓶车只允许自西向东行驶。

7 小黄衣和小蓝衣正在改变我们的生活方式

> 外卖员左申平

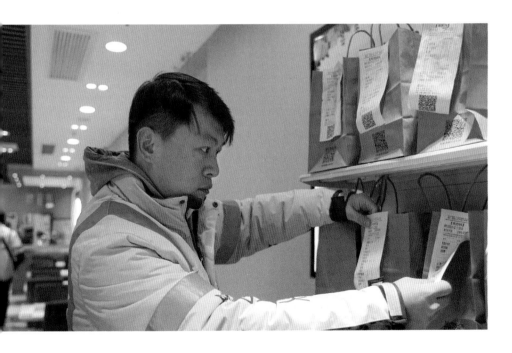

就餐新革命

人脑和电脑的信息交互，时间和目标的双重催促，刺激着左申平肾上腺素的分泌。外卖在改变着左申平，也在改变着人们对工作餐的选择。

外卖其实在我国宋朝时期就出现了，服务对象是达官显贵等小众群体。而中国现代外卖行业井喷式的发展则出现在 2014 年。2013 年 12 月 4 日，工信部正式颁发 4G 牌照。那一年也是左申平来北京的第 10 年，由于工作没有着落，他犹豫着要不要回老家。伴随着 4G 时代的到来，移动网络提速，智能手机普及，我们的就餐方式从此发生了翻天覆地的变化。这也给左申平带来了新的工作机会。2014 年，左申平拥有了一部 4G 智能手机；2015 年，他有了外卖这份工作。如今，左申平已经是北京 CBD 的外卖"单王"，但即便如此，他也知道，自己送餐速度再快，有的菜品依然不能保持刚出锅时的口感。在速度与味道的平衡中，一个外卖爆款诞生了。

↗ 作为国贸站的外卖"单王"，左申平已经成为这里的站长

北京
味道

创新

就餐新革命

　　12 份宫保鸡丁，是左申平这天中午送出最多的外卖，33 万份的午间销量，让宫保鸡丁成为目前北京最受欢迎的外卖单品。作为北京外卖界的宠儿，宫保鸡丁口味微甜又略带辣味，能够满足南北方不同口味的差异；味道浓郁的芡汁，又能在最大程度上保持菜品的温度，保证菜品不至于在送到食客手里之前，就失掉中国人就餐最看重的锅气。

　　有人说外卖的出现替代了堂食，然而左申平看到的是，餐厅吃饭的人并没有减少。外卖真正代替的，可能是万千家庭的厨房功能。

北京味道　　　　　　　　　　　　　　　　　　创新

↖ 左申平熟知最近流行哪道美食

↖ 左申平也知道最近哪家店生意最火

晚上 9 点，左申平送出第 62 单外卖，他今天的目标完成了。对左申平来说，每天晚上吃着妻子做的饭，是他一天当中的幸福时刻。未来，他希望能将孩子尽快接到北京。这场关于就餐方式的革命，给左申平提供了一个在北京继续发展的机会。

⌐ 每天穿梭在街头巷尾的外卖小哥，自己也是叫外卖还是回家吃饭呢？

< 左申平坚持每天晚上回家陪妻子一起做饭，享受难得的家庭时光

第二十篇

轻食新主张

2019 年是于琬璐来到北京的第 15 年。她来自山东，她对自己每餐所摄入食物的热量都有着严格的控制，一旦热量超标，她便到健身房消耗掉多余的热量。在北京，像于琬璐一样的年轻人有很多。越来越多的人每天都会在吃不吃饭、吃多少饭这样的问题上反复纠结。

2019 年，北京健身房的数量突破 3000 家，近 16 万人报名参加 2019 年的北京国际马拉松赛，八成以上的北京消费者愿意花更多钱购买改善健康状态的食物。怎么吃饱不是问题，怎么吃不胖才是问题。于琬璐要成为问题的终结者。

7 最诱人的是油脂，最纠结的是体重

> 于婉璐是坚定的轻食主义者

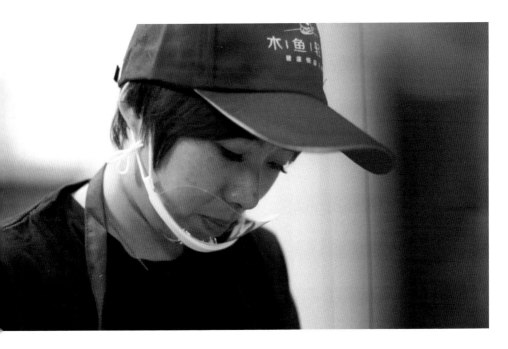

∧ 热量不超过 500 千卡的轻食餐

　　开一个轻食餐厅，为食客提供低脂、低糖、低热量的餐食，成为于婉璐的选择。每天早上，于婉璐都会来到大黄庄社区的菜市场，研究蔬菜质量，了解市场价格。从护校毕业后，因为不喜欢在医院按部就班地工作，循规蹈矩地生活，近年来她先后进行了三次创业。自身的经验告诉她，接受轻食观念、想要吃出健康的人们，每餐的热量标准不会超过 500 千卡，相当于一包薯条，两个面包，或者 5 根胡萝卜的热量。

北京味道

创新

∧ 于婉璐坚持所有的食材亲自采购

还有一个星期，于琬璐的轻食档口便要开张了，店里的招牌菜是她自己研制的秋葵厚烧蛋烤时蔬拌饭。将鸡蛋液倒入锅内，定型后放入焯好的秋葵，用蛋皮裹住秋葵，煎至两面金黄，配上基础配菜和糙米即可出餐。这道菜一共用了 19 种蔬菜，脂肪含量 2 克，蛋白质含量 25 克，碳水化合物含量 79 克，而热量只有 425 千卡。

　　新店即将开张，于琬璐信心满满。她算过，每天只要卖出 100 份轻食餐，就能维持收支平衡。轻食发展的大趋势是她的信心来源。和 2018 年相比，2019 年，北京轻食的订单量以近 2 倍的速度增长。然而，现实有点残酷，正式营业的第一天，于琬璐只卖出了 22 份轻食。"轻食"到底是真需求，还是"伪概念"？人们对轻食的追捧到底是源于对健康食物的需求，还是大快朵颐之后的自我安慰？尽管轻食的销量飞速增长，但却未有数据表明，北京人的平均体重有所下降。也许我们追求变化的决心，并不能时刻战胜自己的口腹之欲。"好吃"，谁会拒绝呢。

> 果蔬，鸡蛋，糙米，都
　是轻食餐的首选食材

∧ 于琬璐制作的轻食餐

第二十一篇

未知与未来

打开视频
看机器能否在餐饮业替代人工？

　　将大葱切段，每刀间隔 3 厘米；将土豆切丝，每一条粗细 1 毫米左右。作为一名有着 4 年工作经验的配菜员，来自湖北的胡涛对自己的职业生涯是这样规划的：苦练基本功，在未来成为一名真正的厨师。但这个计划在他所在的餐厅有点行不通。

> 胡涛是一家智能餐厅的配菜员

胡涛工作的餐厅是一家没有厨师的未来餐厅。在后厨，烹饪机器人按照程序进行精准操作，每台机器人能够制作40种不同的菜品。每道菜的制作时间只需三四分钟。在未来餐厅，机器人取代了50%的人力，大部分有逻辑、重复性的工作都已经被机器取代，就连前厅传菜这种需要和顾客打交道的工作，机器人也已经可以胜任。传菜机器人可以在餐厅内无轨自主移动，智能避障，自主选择传菜路径，这都要归功于无人驾驶技术和GPS定位技术的成熟和普及。

> 除了配菜，这家智能餐厅的其他工作都是由机器完成的

∧∨ 在未来餐厅，服务员已经被机器人取代了

北京
味道

创新

胡涛能留在无人餐厅工作，是因为切菜机器人还在研制中。胡涛在网上见过切菜机器人的神勇，他清楚自己目前的工作被机器取代只是早晚的事情。胡涛也尝试过利用做员工餐的机会和机器人比拼一下厨艺。菠萝咕咾肉是他的拿手菜。虽然机器做出的味道与胡涛相差无几，但在胡涛炒一道菜的时间里，机器可以炒出两道。

北京当下餐饮从业人员接近40万人，而随着工业4.0时代的到来，人工智能设备的逐渐普及将使餐厅对人的需求进一步减少。对于未来，胡涛有着自己的打算。然而，胡涛不知道的是，新一代的机器人即将研发完成，后厨很可能不再需要配菜员。

⌐ 胡涛的拿手菜是菠萝咕咾肉

< 炒菜机器人的效率是胡涛的两倍

∧ 未来机器是否可以替代人工，谁也不知道答案

∧ 下一个被机器人取代的岗位又会是哪一个?

结语

中国人的食谱一直在升级，升级的背后，是越来越先进的智慧物流，以无人分拣系统和无人机为代表的智能运输，使得食材得以突破时间和距离的限制而被准确送达，其原产地选择范围覆盖到了全国 95% 的地区。而无人车的使用，让食物传递的最后 1 公里变得更加快捷，用户只需要对着屏幕刷脸或扫码，就能自己完成取货。

5G、人工智能、智慧物流，这些在网络时代不断刷新大众认知的新词，正在改变着人们的生活方式，扩充着人类的想象空间，推动着新纪元的到来。

未来会是什么样？每个人心中都有一份答案。600 年前，西班牙人第一次用 X 来表示未知与未来。600 年后，在我们生活的城市，越来越多的 X 出现了。X 的力量，正在影响着我们的生活，影响着我们的餐桌。

弹指一挥间，北京翻天覆地，全球同此凉热。这城市迈出的每一个脚印，或艰难，或勇敢，最终，都化作今天餐桌上的欢声笑语、温暖三餐。关于城市与食物的故事，只是开始，远未结束。